Biopsychologie. Das Nervensystem, das endokrine System und Biofeedback

Zeynep Demirel

Bibliografische Information der Deutschen Nationalbibliothek:

Die Deutsche Nationalbibliothek verzeichnet diese Publikation in der Deutschen Nationalbibliografie; detaillierte bibliografische Daten sind im Internet über http://dnb.d-nb.de abrufbar.

ISBN: 9783346520364
Dieses Buch ist auch als E-Book erhältlich.

Nymphenburger Straße 86
80636 München

Druck und Bindung: Books on Demand GmbH, Norderstedt Germany
Gedruckt auf säurefreiem Papier aus verantwortungsvollen Quellen

Das Buch bei GRIN: https://www.grin.com/document/1142012

Inhaltsverzeichnis

Abkürzungsverzeichnis

ACTH	Adenokortikotropes Hormon
ADH	Antidiuretisches Hormon
ANS	Autonomes Nervensystem
bspw.	beispielsweise
bzw.	beziehungsweise
CRF	Kortikotropin-Releasing-Faktor
d.h.	das heißt
EEG	Elektroenzephalogramm
EMG	Elektromyogramm
EKG	Elektrokardiogramm
et al.	und andere
etc.	et cetera
HHL	Hypophysenhinterlappen
HVL	Hypophysenvorderlappen
PNS	peripheres Nervensystem
NF	Neurofeedback
SCP	Slow Cortival Potentials
SN	somatisches Nervensystem
SRH	Somatoliberin
STH	Somatotropin
VIP	vasointestinales Polypeptid

VNS	vegetatives Nervensystem
ZNS	Zentralnervensystem
z.B.	zum Beispiel

Abbildungsverzeichnis

Tabellenverzeichnis

Aufgabe 1

1.1 Das Nervensystem

Das Nervensystem wird als Steuerungsinstanz oder Steuerungssystem bezeichnet, da es für die Regulation unterschiedlicher Körperfunktionen verantwortlich ist (Schwegler, 2002, S. 406).

Die wichtigsten Aufgaben sind die Speicherung und Wahrnehmung von Reizen und Informationen. Außerdem gibt es einen Rhythmus für Erholungs- und Leistungsphasen vor (Siems, Bremer & Przyklenk, 2009, S. 174). Das Nervensystem der Wirbeltiere, einschließlich des Menschen, gliedert sich in zwei Hauptanteile: das Zentralnervensystem (ZNS) und das periphere Nervensystem (PNS) (Dörfler, Roos, & Gerrig, 2018, S. 108). Das ZNS ist die Grundlage unserer psychischen Funktionen, da sie alle Neurone oder Teile von Neuronen, welche innerhalb des Gehirns und des Rückenmarkes liegen, umfasst (Becker-Carus & Wendt, 2017, S. 42). Die Funktion des Nervensystems ist die Verbindung und Informationsverarbeitung zwischen reizaufnehmenden und reizbeantwortenden Organen. Die aufgrund des Reizes erzeugten Erregungen werden vom Nervensystem aufgenommen und in Impulsfolgen umgewandelt. Hierbei werden sie entweder direkt oder über eine zentrale Verarbeitung und Integration an die reizbeantwortenden Organe bzw. Erfolgsorgane gesendet. Das Nervensystem hat daher die Aufgabe, die Interaktion des Organismus mit der Außenwelt wie auch das Zusammenspiel der einzelnen Teile des Organismus untereinander zu vermitteln und zu regeln (Becker-Carus & Wendt, 2017, S. 33).

Das PNS befindet sich außerhalb des ZNS und umfasst das Netzwerk der sensorischen und motorischen Neuronen, die die Verbindung zwischen dem ZNS und der Peripherie (Muskeln, Organe, Körperoberfläche) herstellen. Das PNS besteht aus zwei Teilsystemen, dem somatischen Nervensystem (SN) und dem vegetativen Nervensystem (VNS) (Pinel, Barnes & Pauli, 2019, S. 63).

Während das ZNS aus dem Gehirn und dem Rückenmark besteht, äußert sich das PNS durch neuronale Kabel, bestehend aus Axonen, die das ZNS mit unseren Muskeln, Drüsen und Sinnesorganen verbinden (Assen, 2016, S. 5). Das ZNS wird nicht nur als isolierte biologische Größe betrachtet, das psychisches Erleben und Verhalten hervorbringt, sondern auch als ein in ständigem Austausch mit den Umweltgegebenheiten, den übrigen Körpersystemen und den vererbten Eigenschaften befindliches dynamisches System (Birbaumer & Schmidt, 2010, S. 7). Zudem untergliedert sich das PNS in die folgenden zwei Bestandteile: *somatisches* (willkürliches) *Nervensystem* und *vegetatives* (autonomes) *Nervensystem*. In diesem System existieren Nervenbahnen, welche den Informationsaustausch zwischen Körper und dem Encephalon ermöglichen (Moberg, Streit & Jansen, 2016, S. 35).

Die folgende Abbildung zeigt die funktionalen Gliederungsgesichtspunkte des menschlichen Nervensystems:

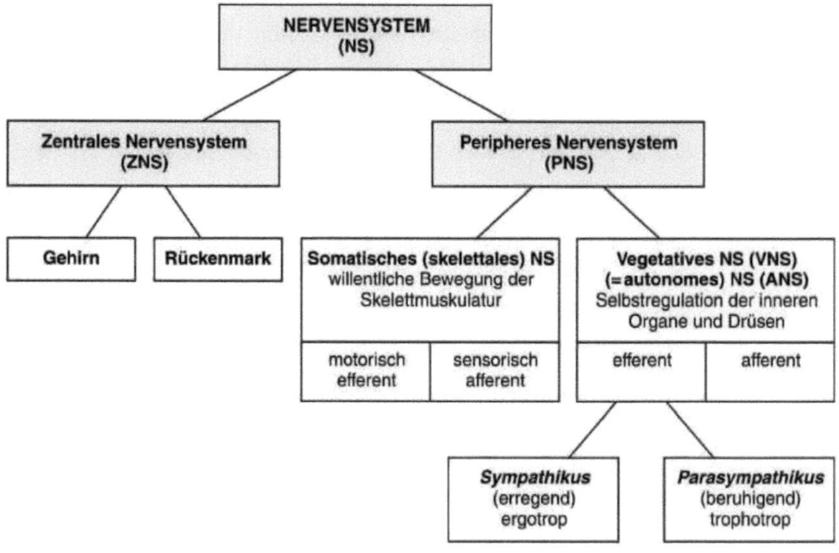

Abb. 1: Wichtigste funktionale Gliederungspunkte des menschlichen Nervensystems

Quelle: Becker-Carus & Wendt 2017, S.34.

1.1.1 Das somatische Nervensystem

Das somatische Nervensystem (SN), welches auch als skelettales Nervensystem oder willkürliches Nervensystem bezeichnet wird, ist für die bewusste Kontaktaufnahme mit der Umwelt über die Sinnesorgane, die Willkürmotorik, die bewusste Wahrnehmung von Umweltreizen und Reizen aus dem Körperinneren, und für die bewusste Nachrichtenverarbeitung (Integration) verantwortlich (Assen, 2016, S. 80). Das SN setzt sich aus efferenten und afferenten Nerven zusammen (Pinel et al., 2019, S. 63). Über efferente Leitbahnen werden intendierte Bewegungen, also gezielte Ausführungen von Bewegungen, wie z.B. den Arm hochzuheben oder die Augen zu schließen, ausgeführt. Somit senden die efferenten Nerven motorische Informationen vom ZNS zur Peripherie.
Der afferente Anteil des SN dient wiederum der bewussten Wahrnehmung von Informationen aus den Sinnesorganen und Körperrezeptoren. Demnach werden sensorische Informationen aus der Peripherie zum ZNS geleitet (Becker-Carus & Wendt, 2017, S. 44). Diese Nervenbahnen des SN können im Rückenmark lokalisiert werden (Moberg et al., 2016, S. 38). Das SN setzt sich insofern aus Neuronen zusammen, die mit den Skelettmuskeln, der Haut und den Sinnesorganen verbunden sind (Assen, 2016, S. 80).
Zusammenfassend bedeutet dies, dass das SN durch die Sinnesorgane über jegliche Veränderungen in der Umwelt informiert wird und durch die Steuerung der Skelettmuskulatur entsprechend reagieren kann.

1.1.2 Das vegetative Nervensystem

Das vegetative Nervensystem (VNS), welches auch als „autonomes Nervensystem“ (ANS) bezeichnet wird, hat die Aufgabe der Regulation und Aufrechterhaltung körperlichen Gleichgewichts bzw. der Balance des „inneren Milieus“ bzw. der Homöostase (Golenhofen, 2019, S. 145). Das VNS besteht ebenfalls aus *afferenten Nerven*, die Signale von den inneren Organen zum ZNS leiten und *efferenten Nerven*, die Signale vom ZNS zu den inneren Organen leiten (Karim, 2015, S. 26). Überdies ist das VNS für die Kontrolle und Steuerung der glatten Muskulatur der Organsysteme und die Überwachung der Drüsen

zuständig. Demnach ist es für die Regulation lebenswichtiger Funktionen, wie z.B. den Kreislauf, die Atmung, die Verdauung, die Körpertemperatur etc. verantwortlich (Kirschbaum & Heinrichs, 2011, S. 202). Auf diese inneren Körperaktivitäten hat der Mensch keine direkte willentliche Kontrolle. Diese Aufgaben erledigen Hirnstamm und Rückenmark (Kirschbaum & Heinrichs, 2011, S. 202). Insofern arbeiten die Regulationskomponenten des ZNS mit dem VNS zusammen (Assen, 2016, S. 80). Das VNS arbeitet demzufolge auch wenn wir uns z.B. im Schlaf, Koma oder in Narkose befinden (Becker-Carus & Wendt, 2017, S. 44).
Das VNS teilt sich in drei Subsysteme: *das sympathische Nervensystem (Sympathikus), das parasympathische Nervensystem (Parasympathikus)* und *das Darmnervensystem* (Pinel et al., 2019, S. 63).

Die folgende Tabelle weist die Innervation der inneren Organe des parasympathischen und sympathischen Nervensystems auf:

Erfolsorgan	**Sympathikus-Wirkung**	**Parasympathikus-Wirkung**
Musculus dilatator pupillae	Pupillenerweiterung	Keine
Musculus sphincter pupillae	Keine	Pupillenverengung
Tränendrüse	Keine	Sekretion
Schweißdrüse	Sekretionssteigerung	Keine
Speicheldrüse	Sekretionsminderung	Sekretionssteigerung
Pulsfrequenz	Steigerung	Senkung
Wandmuskulatur	Keine	Kontraktion
Schließmuskel	Kontraktion	Keine

Tab. 1: Innervation der inneren Organe durch Sympathikus und Parasympathikus

Quelle: Eigene Darstellung in Anlehnung an Trepel, 2008, S. 277-279.

Der Sympathikus (Antreiber) hat die Aufgabe beim Auftreten psychophysiologischer Aktivierung oder Gefahr, bestimmte Gehirnareale anzuregen (Dörfler et al., 2018, S. 110). Die Erhöhung der Tätigkeit führt daneben zu einem erhöhten Energieverbrauch (Myers, 2014, S. 59). Die Verdauung wird zunächst heruntergefahren. Ergänzend dazu, steigt der Verbrauch von Sauerstoff an und der Puls erhöht sich, wodurch sich der Blutstrom verändert. Das Blut wird nun vermehrt in den Muskeln benötigt und nicht in den Organen (Dörfler et al., 2018, S. 110). Somit bewirkt der Sympathikus eine Zunahme der Herzfrequenz, des Blutdrucks und der Schweißdrüsenaktivität. Der Sympathikus kann im Lenden- und Brustwirbelbereich der Wirbelsäule lokalisiert werden (Pinel et al., 2019, S. 63-64). Zudem ist er mit dem Encephalon über den Hypothalamus und den Hirnstamm verbunden (Golenhofen, 2019, S. 146). Den Aufbau des Sympathikus vermittelt die zweizellige Neuronenkette. Das präganglionäre Neuron befindet sich im Bereich des ZNS, im Thorakal- oder im Lumbalmark. Das postganglionäre Neuron liegt stattdessen in einem Ganglion in der Peripherie (Kirschbaum & Heinrichs, 2011, S. 202). Die sog. Ganglienkette wird als Grenzstrang bezeichnet und reicht vom unteren Bereich des Halses bis zum Kreuzbein. Durch die Rami interganglionares wird diese Kette verbunden (Schwegler, 2002, S. 427). Die Fasern des präganglionären Neurons erstrecken sich vom Medulla spinalis bis hin zur Peripherie. Dabei erfolgt eine Umschaltung auf ein postganglionäres Neuron in den Ganglien. Die postganglionären Fasern führen schließlich zum Erfolgsorgan (Kirschbaum & Heinrichs, 2011, S. 202). An der aufgeführten präganglionären Übertragung sind die Neurotransmitter „vasointestinales Polypeptid" (VIP) und Acetylcholin beteiligt. Bei dem postganglionären Transport sind hingegen die Überträgerstoffe Noradrenalin und Neuropeptid Y involviert (Schwegler, 2002, S. 427-428).

Der Parasympathikus (Beruhiger) ist im Gegensatz zum Sympathikus für die Regeneration und den Aufbau körpereigener Reserven zuständig (Dörfler et al., 2018, S. 110-111). Auch die Förderung der Verdauung ist eine wesentliche Aufgabe des parasympathischen Systems (Kirschbaum & Heinrichs, 2011, S. 202).

Infolgedessen sorgt der Parasympathikus für Ruhe, Erholung und Schonung (Golenhofen, 2019, S. 146). Dies zeigt sich z.B. im Rückgang der Pulsfrequenz (Damm, 2000, S. 59). Demnach organisieren und verbinden die parasympathischen Nerven verschiedene Organismen, wie z.B. das Herz, den Darm und die Lunge (Golenhofen, 2019, S. 146).
Demzufolge hat der Sympathikus in diesem System eine ergotrope (leistungssteigernde) Wirkung und der Parasympathikus eine trophotrope (regenerierende) Wirkung (Assen, 2016, S. 23-24).

Obwohl das parasympathische und sympathische System für gewöhnlich antagonistisch zueinander arbeiten, gibt es Ausnahmen wie z.B. in starken Angst- und Erregungszuständen. So kommt es bspw. bei der männlichen sexuellen Erregung zunächst zu einer Erektion, welche parasympathisch ist. Die anschließende Ejakulation wird dagegen vom Sympathikus gesteuert. Beide Systeme arbeiten also nicht immer antagonistisch (Becker-Carus & Wendt, 2017, S. 44). Vielmehr arbeiten sie in einem „funktionellen Synergismus“ zusammen, da der Sympathikus während des Hochfahrens den Organismus leistungsfähig macht und der Parasympathikus den Organismus in den Entspannungszustand bringt, um Energie tanken zu können. Hinzu müssen beide Systeme in einem ausgeglichenen Verhältnis stehen, damit alle Vorgänge im menschlichen Körper einen optimalen Verlauf haben (Ehlert, 2016, S. 22).

1.1.3 Somatisches vs. Vegetatives Nervensystem

Auch wenn das SN und das VNS Komponenten des peripheren Nervensystems darstellen, bestehen signifikante Unterschiede zwischen beiden Systemen.

Während das SN sich im Schädel und in der Wirbelsäule befindet, liegt das VNS außerhalb der Peripherie. Weiterhin machen sich Unterschiede im Aufbau bemerkbar, denn während das SN lediglich aus einer Komponente besteht, teilt sich das VNS in weitere Subsysteme. Ein weiterer fundamentaler Unterschied beider Nervensysteme wird in der jeweiligen Steuerung deutlich. Das SN steuert die bewusst ablaufenden Körperfunktionen, d.h. Körperbewegungen jeglicher Art. Das VNS steuert dagegen die unbewusst ablaufenden Körperfunktionen, wie z.B. die Atmung und den Herzschlag (Pritzel & Markowitsch, 2017, S. 259). Auch die Zielorte beider Nervensysteme unterscheiden sich. Das SN kontrolliert die Skelettmuskulatur, sowie die Übertragung der bewussten Wahrnehmung dienender Informationen von den Sinnesorganen hin zum Gehirn. Das VNS wiederum kontrolliert die inneren Körperaktivitäten und die Aufrechterhaltung aller lebenswichtigen Prozesse (Becker-Carus & Wendt, 2017, S. 42).

Aufgabe 2

2.1 Das Endokrine System

Das Hormonsystem, auch endokrines System genannt, ist neben dem Nerven- und Immunsystem das dritt wichtigste Kommunikations- und Regulationssystem des Menschen (Schandry, 2016, S. 178).
Es ist für die Herstellung und Freisetzung der Hormone verantwortlich. Diese sind im gesamten Körper verteilt und haben Einfluss auf Wachstum, Entwicklung, Funktionen vieler Organen und die Koordination von Stoffwechselvorgängen (Becker-Carus & Wendt, 2017, S 68).
Zu dem endokrinen System zählen alle Organe und Zellen, welche Hormone produzieren und diese durch die endokrinen Drüsen in das Blut geben (Schandry, 2016, S. 180). Als Hormon wird jeder chemischer Überträgerstoff genannt, dessen Ausschüttung über endokrine Drüsen erfolgt. Hormone können verschiedene Aufgaben haben, wie z.B. die Steuerung verschiedener Prozesse. Hierbei beeinflussen Hormone das Wachstum, den Blutkreislauf, den Stoffwechsel oder auch die Ausbildung der Geschlechtsmerkmale (Becker-Carus & Wendt, 2017, S. 46).
Abgebaut werden die Hormone in der Leber oder der Niere. Grundsätzlich lassen sich Hormone anhand Charakteristiken differenzieren, wie z.B. der Löslichkeit. Wasserliebende Hormone können nicht in die Zelle eindringen, wohingegen fettlösliche Hormone in die Zelle eindringen können (Schandry, 2016, S. 180).
Auch die chemische Struktur der Hormone ist signifikant und lässt sich in die folgenden drei Kategorien unterscheiden: Steroide, Aminosäurederivate, Peptide und Proteine (Pinel et al., 2019, S. 421).

Weiterhin bestehen Unterschiede in den Formen der Signalübertragung. Innerhalb der endokrinen Kommunikation existieren Sender- und Empfängerzellen, welche in autokrine, parakrine, endokrine, neuroendokrine und neurokrine Signalübertragungen unterschieden werden. Hinsichtlich des Bildungsortes werden Glanduläre und Aglanduläre Hormone unterschieden. Glanduläre Hormone werden in den Hormondrüsen hergestellt und anschließend in das Blut sezerniert. Dazu zählen die Produkte der klassischen endokrinen Drüsen, wie der Schild-, Nebenschild- und Bauchspeicheldrüse, der Nebenniere, der Keimdrüse und der Adenohypophyse. Aglanduläre Hormone hingegen sind insbesondere die Gewebehormone, welche in spezialisierten hormonproduzierenden Zellen durch Zellzwischenräume oder über das Blut ihren Wirkungsort erreichen, wie z.B. viele Hormone des Magen-Darm-Traktes, Sekretin oder Gastrin (Schandry, 2016, S. 180-182).

2.2 Hypophyse

Die Hypophyse wird auch als Hauptdüse des neuroendokrinen Systems bezeichnet, da sie die Ausschüttung von Hormonen anderer Düsen reguliert. Sie liegt in einer Mulde des Os sphenoidis, einer bohnengroßen endokrinen Drüse, welche sich in der sog. Sattelgrube (sella turcica) über den Hirnstiel direkt mit dem Hypothalamus verbindet (Abbildung 2). Die Hypophyse besteht aus dem Hypophysenvorderlappen, HVL (Adenohypophyse) und dem Hypophysenhinterlappen, HHL (Neurohypophyse). Sie ist Teil des Gehirns und liegt insofern am und unter dem Hypothalamus.

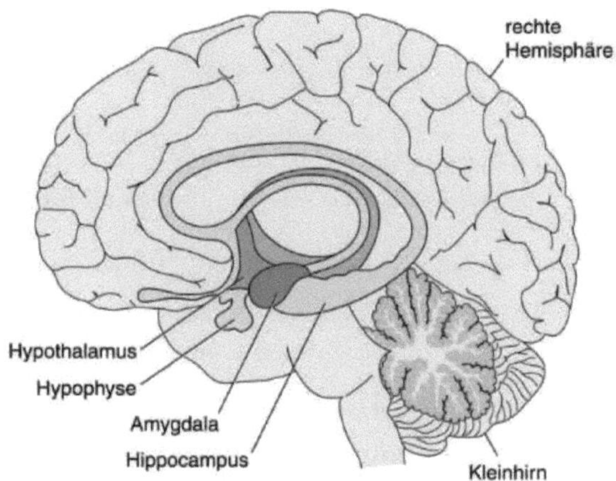

Abb. 2: Sagittalschnitt des limbischen Systems
Quelle: Becker-Carus & Wendt, 2017, S. 52.

Das Hypothalamus-Hypophysen System stellt eine entscheidende Schaltstelle zwischen den neuronalen und hormonellen Regelprozessen dar (Becker-Carus, 2017, S. 718). Im Hypothalamus produzieren neurosekretorische Zellen die sog. Freisetzungs- oder Releasing-Hormone, welche durch Nervenimpulse angeregt werden (Pinel et al., 2019, S. 425). Durch ein spezielles Gefäßsystem werden diese zum HVL transportiert, wo sie anschließend die Ausschüttung von Hypophysenhormonen anregen oder hemmen. Im Vergleich zum Hypophysenvorderlappen stellt der Hypophysenhinterlappen keine Drüse dar, welche Hormone erstellt. Vielmehr ist der Hypophysenhinterlappen ein Element des Encephalons, welcher neuronal mit dem Hypothalamus verbunden ist.

Die folgende Tabelle führt die wichtigsten Hypophysen- und Hypothalamus-Hormone im Hinblick auf ihren Bildungsort und ihre Wirkung auf:

Hormon	Bildungsort	Wichtigste Wirkung (»+« Stimulation, »–« Hemmung)
Somatotropin (growth hormone, GH; somatotropes Hormon, STH)	Hypophyse	+ Proteinaufbau, Lipolyse, Wachstum – Glukoseaufnahme in den Zellen, Glykolyse, Gluconeogenes aus Aminosäuren
Prolaktin	Hypophyse	+ Milchproduktion, Lactogenese (Bereitstellung und Freigab der Milch), Galaktopoese (Milchbildung), Mammogenese = Entwicklung des Milchdrüsen) – Gonadotropine
Follikelstimulierendes Hormon (FSH)	Hypophyse	+ Follikelreifung und Bildung von Östradiol in Follikeln, Spermiogenese
Luteinisierendes Hormon (LH)	Hypophyse	+ Testosteronproduktion in Leydigschen Zwischenzellen de Hodens, Follikelsprung und Umwandlung in Corpus Luteur Progesteronbildung
Corticotropin (Adreno-corticotropes Hormon, ACTH)	Hypophyse	+ Ausschüttung von Corticosteroiden, v. a. Cortisol (Lipolys Insulinausschüttung)
Thyrothropin (Thyroidea-stimulierendes Hormon, TSH)	Hypophyse	+ Bildung und Ausschüttung von Schilddrüsenhormonen, Schilddrüsenwachstum
Adiuretin (ADH, Vasopressin)	Hypothalamus	+ Steigerung renaler Wasserresorption, Corticotropinausschüttung, Vasokonstriktion
Oxytocin	Hypothalamus	+ Uteruskontraktion, Laktation

Tab. 2: Die wichtigsten Hypophysen- und Hypothalamus-Hormone

Quelle: Schandry, 2016, S. 186.

Der Hypothalamus regelt grundlegende Aktivitäten, wie den Puls und Blutdruck, Sexualität und Aggressivität, Hunger und Durst. Ebenso steuert er die Ausschüttung der meisten Hormone, u.a. folgende vier Hormone:

Oxytocin, Vasopressin, Somatotropin und *das Adrenokortikotrope Hormon* (Schandry, 2016, S. 185).

2.2.1 Oxytocin

Das Oxytocin wird der Neurohypophyse zugeordnet und wirkt sich auf die Geburt, das Stillen und einige weitere komplexe Verhaltensweisen aus (Schandry, 2016, S. 179-180). Zudem wird das Hormon im Nucelus paraventricularis und dem Nucleus supraopticus produziert. Über Axone der Nervenzelle erfolgt die Übermittlung des Botenstoffes zur Neurohypophyse, welche an der Herstellung des Hormons beteiligt sind. Oxytocin besitzt die Eigenschaft den Organismus auf unterschiedliche Arten zu beeinflussen. Infolgedessen kann Oxytocin z.B. als Neurotransmitter tätig werden oder aber auch den Organismus über Diffusion beeinflussen. Folglich würden die an der Herstellung des Botenstoffs beteiligten Neuronen das Hormon in das benachbarte Gewebe abgeben, die sonst keine Verbindung zu den herstellenden Neuronen haben würden. Dieser Prozess wird als neuromodulatorischer Effekt bezeichnet (Moberg et al., 2016, S. 62-65).

Grundsätzlich erfolgt über einen neuroendokrinen Reflex durch Druck- und Berührungssensitive Rezeptoren in der Brustwarze, im Uterus und den Genitalien die Freisetzung von Oxytocin (Köhrle, Schomburg & Schweizer, 2014, S. 492-493). Weiterhin besitzt Oxytocin unterschiedliche Funktionen. In Anbetracht der Schwangerschaft, löst Oxytocin das gleichmäßig wiederholende Zusammenziehen der Gebärmutter aus, die sog. Wehen. Dabei wird vermutet, dass die Muskulatur des Uterus gegen Ende der Schwangerschaft sensibler gegenüber dem Hormon ist (Schandry, 2016, S. 179-180). Grund dafür, könnte u.a. in dem speziellen Verhältnis der Konzentration von Gestagen und Östrogen liegen (Schandry, 2016, S. 189). Ferner ist Oxytocin an der Einleitung der Geburt beteiligt. Demgemäß tritt die Fruchtblase in die Cervix ein, wodurch Oxytocin ausgeschüttet wird. Durch die Ausschüttung des Hormons, während der Geburt, wird der Milchejektionsreflex in der Brustdrüse ausgelöst (Kleine & Rossmanith, 2014, S. 90-91).

Auch in Bezug auf die Bildung der Mutter-Kind-Beziehung, die Paarbindung und das Sozial- und Sexualverhalten wirkt sich Oxytocin aus. Aufgrund dessen und der chemischen Struktur des Hormons wird es als „Kuschelhormon“ bezeichnet (Köhrle et al., 2014, S. 492-493). Die Zufuhr von Oxytocin führt zu einigen positiven Verhaltensweisen wie einer Steigerung des Vertrauens und des Empathie-Vermögens, sowie einer Reduktion von Angst und Stress. Oxytocin scheint ebenfalls in stressbedingten Situationen ausgeschüttet zu werden.

Tierexperimente konnten aufweisen, dass eine erhöhte Oxytocin Ausschüttung in Situationen, welche mit Hilflosigkeit einhergeht, zu beobachten waren. Schafft das Tier, die Stresssituation zu bewältigen z.B. durch das Explorationsverhalten in einer fremden Umgebung, so steigt der Oxytocinspiegel nicht oder nur leicht an. Die Oxytocinausschüttung in Stresssituationen dient möglicherweise dazu, die psychischen und physiologischen negativen Begleitprozesse der Stresssituation zu mildern.
Insgesamt scheint das Hormon Oxytocin von Bedeutung für komplexe Gehirnfunktionen im Zusammenhang mit Lernen, Gedächtnis und Sozialverhalten zu sein (Schandry, 2016, S. 189-190).

2.2.2 Antidiuretisches Hormon

Das antidiuretische Hormon (ADH, Vasopressin) ist ein Peptid, welches aus neun Aminosäuren besteht, die zur Regulation des Wasserhaushaltes im Körper dienen. ADH wird wie das Hormon Oxytocin im Hypothalamus durch die Nerven paraventriculären Nucleus und supraoptischen Nucleus produziert und wirkt ebenfalls als Hormon oder Neurotransmitter im Gehirn (Karim, 2015, S. 48). Grundlegend wird der Verdünnungsgrad des Blutes reguliert, was bereits ab einer Erhöhung des osmotischen Druckes von nur 1% Abweichung vom Normalwert geschieht (Schandry, 2016, S. 188-189). Darauf reagieren die Osmoregulatoren des Hypothalamus auf die jeweiligen Abweichungen des osmotischen Druckes in der Extrazellulärenflüssigkeit (Plasma), woraufhin eine Vasopressin Ausschüttung erfolgt. Daraufhin steigert sich die Wasserrückresorption in der Niere und eine verringerte Urinausscheidung liegt vor (Bachl, Löllgen, Tschan, Wackerhage & Wessner, 2018, S. 246).
Die erhöhte Vasopressinkonzentration sorgt für eine Kontraktion der glatten Muskulatur und insbesondere die der Blutgefäße. Dies wird bspw. deutlich in einer Erhöhung des Blutdrucks und der Darmperistaltik, infolge der rhythmischen Kontraktionen der Darmwände (Schandry, 2016, S. 188-189). Der blutdrucksteigende Effekt wird über V1-Rezeptoren ausgelöst (Bachl et al., 2018, S. 246). Das Hormon spielt eine wichtige Rolle für das Sexualverhalten, da die Vasopressinkonzentration im Gehirn mit der Intensität sexueller Aktivität korreliert. Defizite der Vasopressinproduktion äußern sich in der Bewältigung

bestimmter Lernaufgaben, welche schlechter ausfallen (Schandry, 2016, S. 188-189).

Demzufolge wirken Oxytocin und Vasopressin gegensätzlich. Während Oxytocin positive Interaktionen erzeugt, löst ADH aggressive Interkationen aus und lässt den Blutdruck erhöhen.

2.2.3 Somatotropin

Somatotropin (STH) ist ein Wachstumshormon, welches in der Adenohypophyse gebildet wird und durch die Botenstoffe Ghrelin und GHRH stimuliert (Kleine & Rossmanith, 2014, S. 335). Somatotropin besitzt kein einzelnes spezifisches Zielorgan vielmehr beeinflusst es die Aktivität einer Vielzahl von Körperzellen. So mobilisiert das Hormon etwa die Fettsäuren aus dem Fettgewebe (Lipolyse), steigert den Blutzuckerspiegel und hemmt die Glukoseaufnahme in die Zellen. Aufgrund der Anregung der Bildung wachstumsfördernder Faktoren insbesondere in der Leber, den Somatomedinen, wirkt es indirekt zusätzlich auf das Wachstum von Knorpel, Knochen und Muskelgewebe (Schandry, 2016, S. 185).

Die Wirkung des Wachstumshormons wird entweder unmittelbar Rezeptorvermittelnd oder über die Induktion von Insulin-like-Growth Factor 1 (IGF-1) und 2 (IGF-2) ausgeübt (Bachl et al., 2018, S. 178-180). Somatoliberin (SRH), das Freisetzungshormon, wird in Form von Schüben an die Hypophyse abgegeben und insbesondere während der nächtlichen Tiefschlafphasen ausgeschüttet. Somatostatin, welches das Hemmungshormon darstellt, wird ebenfalls im Hypothalamus gebildet und bewirkt die Hemmung dessen. Im Magen-Darm-Trakt bewirkt die Hemmung innersekretorische Prozesse, wie die Ausschüttung von Insulin und Glukagon. Des Weiteren ist Somatostatin für das Erhöhen oder Senken der Entladungsrate von Nervenzellen verantwortlich. Somatostatin wirkt sich zudem auf die Produktion verschiedener Neurotransmitter, wie Noradrenalin, Dopamin, Serotonin und Acetylcholin im Gehirn aus (Schandry, 2016, S. 186). Somatotropin sendet Wachstumssignale an die quergesteifte Muskulatur, die Knochen, das Bindegewebe, die Knorpel und die inneren Organe. IGF-1 und IGF-2 werden grundsätzlich in der Leber produziert, wobei IGF-2 auch in anderen Geweben exprimiert wird. Mängel oder

Blockierungen an IGF-1 zeigen sich in einer starken Verzögerung in der Entwicklung des Wachstums und der Körpergröße von Neugeborenen (postnatal). Entsprechend bewirken Defizite von IGF-2 in der pränatalen Entwicklungsphase starke Verminderungen im Wachstum des Embryos (Bachl et al., 2018, S. 179). In der Zeit der Pubertät ist die Sekretion des Wachstumshormons am höchsten und geht mit dem Alter zurück. Während bei Männern sechs bis acht GH-Pulse innerhalb von 24 Stunden freigesetzt, ist die Pulsrate bei Frauen hingegen unregelmäßiger und unter dem stärkeren Einfluss von Östrogen wird pro Puls mehr GH freigesetzt als wie bei Männern (Kleine & Rossmanith, 2010, S. 63). Zu dieser Zeit werden, unter Einfluss von Östrogen und Testosteron, die Spitzenwerte des Hormons beinahe verdoppelt. Dies hat zur Folge, dass die Wachstumsgeschwindigkeit beschleunigt wird. Das Wachstumshormon bleibt ein Leben lang metabolisch wirksam.

Das Wachstumshormon kann aber auch bereits im neugeborenen Zustand einen Mangel aufweisen. Dieser Mangel äußert sich in einem zunehmenden Kleinwuchs, stark retardierte Knochenreife und Hypoglykämie (abnorm niedriger Blutzuckerspiegel). Häufig lässt sich dieser Zustand auf eine Verletzung der Hypophyse zurückführen und geht mit einer verminderten Wachstumsrate einher. Solch ein Wachstumshormonmangel lässt sich z.B. durch eine auxologische Untersuchung, dem Durchführen einer Wachstumskurve und der Berechnung der Wachstumsgeschwindigkeit feststellen. Auch Laborchemische Tests kommen insofern in Betracht. Infolgedessen werden zwei pathologische Stimulationstests durchgeführt, wobei z.B. Arginin, Clonidin und Insulinhypoglykämie verwendet werden (Bachl et al., 2018, S. 747). Dagegen führt ein Überschuss an STH beim noch im Wachstum befindlichen Menschen zu Gigantismus. Sollte der Längenwachstum abgeschlossen sein, ergibt sich die Konsequenz eines Somatotropinüberschusses – eine Akromegalie. Kennzeichen sind dementsprechend vergrößerte Körperteile wie z.B. eine vergrößerte Nase, Kinn, sowie Kiefer- und Backenknochen. Auch die Eingeweide, wie Herz, Leber, Niere, Schilddrüse und die Zunge können demgemäß größer ausfallen (Lang, 2010, S. 444).

2.2.4 Adrenokortikotropes Hormon

Das adrenokortikotope Hormon (ACTH, Kortikotropin) wird bei chronischem Stress von der Hypophyse ausgeschüttet und bewirkt, dass die Nebennierenrinde Cortisol ausschüttet. Das Hormon ACTH hat das Ziel die Nebennierenrinde, wo es die Synthese der Nebennierenrindenhormone wie bspw. des Kortisols stimuliert. Folglich können eine Vielzahl von Reizen, insbesondere Stressoren körperlicher oder psychischer Art die Ausschüttung von ACTH anregen. ACTH wird aus dem Proopiomelanocortin gebildet, welches ein Vorläufermolekül darstellt und gleichzeitig auch die Vorstufe für die Bildung der Endorphine ist. Das hypothalamische Releasinghormon, der Kortikotropin-Releasing-Faktor (CRF), steuert die ACTH-Abgabe aus der Hypophyse. Außerdem unterliegt die Ausschüttung einem deutlichen zirkadianen Rhythmus mit erhöhter Ausschüttung in den frühen Morgenstunden.

Ein Zusammenhang zwischen ACTH bzw. CRF und depressiven Störungen zeigt sich insofern, dass Evidenzen vorliegen, die aufweisen, dass bei vielen Patienten mit Depression auch die Regulationsmechanismen für die ACTH-Ausschüttung gestört sind (Schandry, 2016, S. 188).

Aufgabe 3

3.1 Biofeedback

Das Biofeedback (biologische Rückmeldung) ist ein essentielles Verfahren in der Verhaltensmedizin, welches sich ebenfalls auf operante Mechanismen stützt und in der Behandlung einer Vielzahl von psychosomatischen Beschwerden zum Einsatz kommt. Bei diesem Verfahren werden dem Patienten körperliche Zustände und Veränderungen, die normalerweise nur schwer oder nicht wahrnehmbar sind, zurückgemeldet (Wittchen & Hoyer, 2011, S. 522).

Hierbei werden physiologische Parameter gemessen und durch einen Computer als visuelles (z.B. Wellen oder Linien auf einem Bildschirm) oder als auditorisches (z.B. Töne) Signal zurückgemeldet (Abbildung 3) (Wittchen & Hoyer, 2011, S. 204).

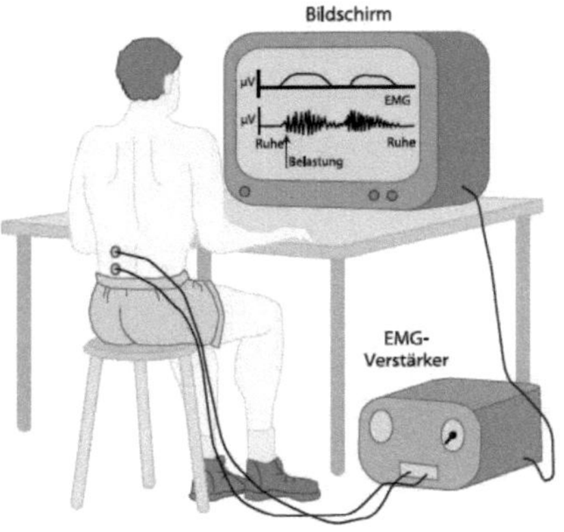

Abb. 3: Biofeedback - EMG-Feedback zur Rückmeldung der Spannung der Rückenmuskulatur beim Sitzen in Arbeitshaltung

Quelle: nach Flor, 2003; (Wittchen & Hoyer, 2011,

Zum Einsatz kommen dabei physiologische Messmethoden wie das EKG (Elektrokardiogramm), welche eine Rückmeldung der elektrischen Aktivität des Herzens darstellt oder die Messung des Hautwiderstands (Rückmeldung des Sympathikotonus, z.B. bei Angst oder Stress), das EMG (Elektromyogramm; Rückmeldung der Muskelspannung bei der Behandlung chronischer Kopf- oder Rückenschmerzen), das EEG (Elektroenzephalogramm; Rückmeldung der Hirnstromaktivität als Neurofeedback) oder die Photoplethysmographie (Messung des Blutvolumenpulses an der Schläfenarterie als Ausdruck der Vasodilatation beim Migränekopfschmerz) (Wittchen & Hoyer, 2011, S. 522-524). Der Patient hat die Aufgabe, diese physiologischen Parameter willentlich zu beeinflussen. Veränderungen werden unverzüglich durch optische und akustische Signale zurückgemeldet (z.B. durch graphische Veränderungen auf dem Bildschirm) und positiv verstärkt (z.B. verbal oder durch Token). Mithilfe dieses Verfahrens lernt der Patient sich selber besser wahrzunehmen und auf die eigenen körperlichen Vorgänge Einfluss zu nehmen (Petermann & Pätel, 2009, S. 247). Die dadurch erreichte Verbesserung der Symptomatik bewirkt im Sinne einer negativen Verstärkung einen weiteren Einsatz dieser Strategien und verstärkt das Erleben der Selbstwirksamkeit beim Patienten (Wittchen & Hoyer, 2011, S. 524). Dieser Vorgang des Biofeedbacks gibt dem Geist des Patienten weitere Hinweise und Angaben über den eigenen Körper, die zu einer Verbindung von Geist und Körper führt (Wiedemann & Krombholz, 2013, S. 4). Die genannten physischen Vorgänge können mittels Trainingseinheiten ohne weitere Instrumente bewusster bzw. schneller kontrolliert und somit korrigiert werden (Wiedemann & Krombholz, 2013, S. 4).

Ein neues Anwendungsgebiet des Biofeedbacks ist die Aktivität der Hirnstromaktivität – *das Neurofeedback.*

3.2 Neurofeedback

Neurofeedback lässt sich in drei Gebieten anwenden: in der klinischen Intervention, dem Training und als experimentelle Methode.

In der klinischen Intervention dient das Neurofeedback zur Behandlung von Krankheiten mit abweichenden Gehirnaktivitäten (Enriquez-Geppert, 2019, S. 2). Darüber hinaus können weitere Krankheiten bzw. Störungen behandelt werden, wie bspw. Angststörungen, Depressionen oder Posttraumatische Belastungsstörungen (Kowalski, Schneider, Wiedemann, Haus, Nowak & Krombholz, 2013, S. 205). Das Neurofeedback (NF), auch EEG genannt, stellt eine besondere Form des Biofeedbacks dar, welche das Ziel verfolgt, dem Gehirn beizubringen, zur richtigen Zeit situationsgerecht den erforderlichen Zustand herzustellen und diesen anschließend automatisch aufrechtzuerhalten (Bachl et al., 2018, S. 6). Ein weiteres Ziel ist die verbesserte Wahrnehmung des eigenen Körpers (Schlottke, Strehl & Lauth, 2009, S. 422). Dabei hängt das Ergebnis von Neurofeedback sehr stark von der Eigenmotivation und

Einsatzbereitschaft des Patienten sowie von der durchführenden Person ab (Peters, 2018, S. 95). Die Ausführung des Neurofeedbacks kann durch verschiedene andere Techniken erfolgen. Allerdings stellt das EEG in der klinischen Praxis das wichtigste Element dar (Enriquez-Geppert, 2019, S. 186).

Eine Meta-Analyse von 63 Studien, welche im Jahr 2009 durchgeführt wurde, zeigt die Wirkung von Neurofeedback Sitzungen auf *Epilepsie*. Die Ergebnisse führten auf, dass SMR- oder SCP-Trainings unkontrollierbare Epileptische Anfälle um ein deutliches Maß verringern konnten (Tan, Thornby, Hammond, Strehl, Canady & Arnemann, 2009, S. 4-5). Lantz und Sterman (1988) konnten eine Anfallsreduktion von 61% durch die Anwendung von Neurofeedback-Training an Epilepsie leidenden Patienten feststellen. Bei der Hälfte der Patienten bedeutet dies eine Verminderung von mindestens 13 zuvor vorkommenden Anfällen pro Monat.

Der Forscher Luber entdecke im weiteren Verlauf, dass das Neurofeedback (z.B. Frequenzbandtraining) auch bei der Therapie von ADHS (Aufmerksamkeitsdefizit-Hyperaktivitätsstörung) nützlich ist. Kinder, welche an ADHS litten, wiesen eine zu hohe Amplitude der Theta-Frequenz und zu kleine Beta-Frequenz auf (Schneider & Krombholz, 2013, S. 51-52). D.h. dass das EEG, im Vergleich zu gesunden Kindern, verzögert bzw. sehr langsam ist. Bei der Therapie einer ADHS wird oftmals das *Theta/Beta-Protokoll* genutzt, welches ein Neurofeedback-Protokoll darstellt. Innerhalb dieses Verfahrens trainiert der Patient die Steigerung der Geschwindigkeit der Beta-Frequenz und die gleichzeitige Reduktion der Geschwindigkeit der Theta-Frequenz (Kober & Wood, 2020, S. 189). Auch bei *Tinnitus* Patienten ließ sich durch eine Untersuchung eine Verbesserung feststellen. Die Patienten trainierten in jeweils fünf minütigen Therapiesitzungen und führten insgesamt 15 Durchläufe durch. Ziel dieser Therapieuntersuchung war es, einen Entspannungzustand mit gleichzeitiger Lenkung der Aufmerksamkeit hervorzurufen. Mithilfe von Konzentrationsaufgaben oder Phantasiereisen wurde der Fokus vom Ohr weggelenkt. Nach Abschluss der Studie, berichteten alle samt 40 Tinnitus Patienten über eine Abnahme der subjektiven Belastung durch den Tinnitus (Gosepath, Nafe, Ziegler & Mann, 2001, S. 30-31).

Diese Art des Feedbacks beinhaltet verschiedene Techniken, wie z.B. das **SCP-Training** (Slow Cortival Potentials) (Schneider & Strauß, 2013, S. 63). Das SCP-Training symbolisiert das Training einer evidenzbasierten Therapie. Durch die Sensoren am Kopf können die aktuellen Gehirnaktivitäten gemessen und auf einem Bildschirm dargestellt werden. Auch hier lernt der Patient die Aktivierungs- und Entspannungszustände des Gehirns wahrzunehmen und durch operantes Lernen bewusst zu steuern. Anwendungsbereiche sind z.B. schwerer Autismus, Konzentrations- und Gedächtnisstörungen, u.a. auch Schizophrenie, Depressionen und Angststörungen (Schneider & Strauß, 2013, S. 85-86). Drogenabhängige Patienten verspüren bei Abwesenheit des jeweiligen Suchtgegenstandes ein starkes Verlangen (Craving), welches den Suchtkranken stark in seiner Konzentration hemmt. Überdies verspürt die betroffene Person ein Gefühl der Anspannung, denn der Konsum des Suchtgegenstandes würde in diesem Fall wieder zu einer Normalisierung der Hirnströme führen, welche durch den Entspannungszustand deutlich wird. Im Rahmen eines Neurofeedback-Trainings würde der Patient lernen, seiner Suchtproblematik nicht mehr mit Hilflosigkeit gegenüber zu treten. Das SCP-Training bietet sich in solch einem Fall an, da es die Aufmerksamkeitsleistung und ein effektiveres Schalten zwischen den Netzwerken fördert (Held & Nowak, 2013, S. 236-238). Bei einer negativen Verschiebung wird die Erregbarkeit der Zelle erhöht, wohingegen bei einer positiven Verschiebung eine verminderte Erregbarkeit zu beobachten ist. In einer festgelegten Zeitspanne erhält der Patient die Aufgabe, die Gleichspannung in die positive bzw. negative Richtung zu verschieben. Dieses Training fördert die Kompetenzentwicklung der Lösungsstrategie.

Eine weitere Möglichkeit des Neurofeedbacks ist das **ILF** (Infra Low Frequency). Das Therapieziel dieses Trainings ist die Regulation der Erregungszustände und die Stabilisierung der Aktivität des ZNS. Diese Art unterscheidet sich hinsichtlich der verwendeten Ableitungen, Elektrodenpositionierungen, Feedbackparametern und Techniken. Statt die bestimmten Frequenzen mehr oder weniger zu produzieren, sollen die spezifischen Parameter dem Gehirn als Spiegel präsentiert werden, um sie sinnvoll zu nutzen. Das ILF-Training verwendet eine Belohnungsfrequenz von 0,1-100 mHz. Anwendung findet das ILF-Training bei der Rehabilitation von Hirnschäden, funktionellen Störungen wie

Schlafstörungen, chronischen Schmerzen oder bei Patienten, die medikamentöse Behandlungen ablehnen (Wiedemann, 2013, S. 95-97).
Zum Ablauf eines Neurofeedbacktrainings gehören Elektroden (flache Sensoren), die auf der Kopfhaut des Patienten befestigt werden. Über diese Elektroden leitet der Zuständige die elektrische Aktivität des Gehirns mithilfe des EEGs ab. Anschließend werden die Hirnströme des Patienten in Form von Wellen auf dem Bildschirm abgebildet. Entscheidend hierbei ist, dass diese Wellen durch Grafiksequenzen, wie z.B. einem fliegenden Flugzeug, fahrenden Auto etc. ersetzt werden. Die sich verändernde Hirnaktivität des Patienten entscheidet grundsätzlich über die Bewegung des abgebildeten Animationsgegenstandes. Diese bildliche Darstellung des Neurofeedbacktrainings soll dem Patienten dazu helfen, seine elektrische Hirnaktivität bewusst beeinflussen zu können. Somit erhält der Patient Informationen über seine eigenen hirnphysiologischen Prozesse, welche ihm im normalerweise nicht zugänglich sind (Konrad, 2009, S. 52).

Eine weitere fundamentale Methode ist das **Frequenzbandtraining**. Diese Methode verfolgt das Ziel, ein Band verstärkt zu generieren. Insbesondere bei dieser Technik weist die instrumentelle Konditionierung eine wesentliche Komponente auf. Der Patient sitzt vor dem Bildschirm, auf welchem er ein Computerspiel oder eine Animation sieht. Die Elektroden sind am Kopf des Patienten befestigt, um die Hirnaktivität messen zu können. Das EEG und die Bandbreite der Frequenzbänder sind auf dem Monitor der durchführenden Person abgebildet. Infolgedessen ist es möglich, dass der Zuständige einen Schwellenwert für jede Frequenz des Patienten erstellt. Der Patient hat somit die Aufgabe eine Unter- oder Überschreitung dieses Wertes zu erlangen, welches z.B. in Form eines Autorennens durchgeführt wird (Abbildung 4). Die Steuerung des weißen Autos kann ausschließlich mittels der Gedanken des Patienten erfolgen. Daneben müssen die anderen Autos anhalten. Folglich stellen die Fahrzeuge verschiedene Frequenzen dar. Hierbei wird das weiße Auto z.B. in Verbindung mit der Low-Beta-Frequenz gesetzt, während das gelbe Auto die Theta Frequenz präsentiert etc. (Schneider & Krombholz, 2013, S. 56).

Abb. 4: Beispiel für eine Animation - Computerspiel im Training

Quelle: Schneider & Krombholz, 2013, S. 56.

Überdies lässt sich das Frequenzbandtraining in weitere Trainingsarten untergliedern, wie bspw. das Theta-Training, das Alpha Training, das Alpha-Theta-Training, das Theta-Beta-Training etc. (Schneider & Krombholz, 2013, S. 46-51). Das Frequenzbandtraining nutzt demnach die quantitative Elektroenzephalographie und wird am häufigsten im Neurofeedback genutzt (Peters, 2018, S. 93).

Literaturverzeichnis

Assen, C. (2016). Crash-Kurs Psychologie, Semester 1 (Lehrbuch). Berlin Heidelberg: Springer.

Bachl, N./ Löllgen, H./ Tschan, H./ Wackerhage, H./ Wessner, B. (2018). Molekulare Sport- und Leistungsphysiologie: molekulare, zellbiologische und genetische Aspekte der körperlichen Leistungsfähigkeit: mit zahlreichen Abbildungen und Tabellen. Wien: Springer.

Becker-Carus, C./ Wendt, M. (2017). Allgemeine Psychologie: eine Einführung, 2. Auflage, Berlin: Springer.

Birbaumer, N. P./ Schmidt, R. F. (2010). Biologische Psychologie, 7. Auflage, Berlin: Springer.

Damm, M. (2000). Atlas des Menschen: Anatomie, Aufbau und Funktion des menschlichen Körpers, Köln.

Dörfler, T./ Roos, J. & Gerrig, R. J. (2018). Psychologie, 21. Auflage, Hallbergmoos.

Ehlert, U. (2016). Verhaltensmedizin, Berlin.

Enriquez-Geppert, S. (2019). Neurofeedback aus der Perspektive der Neurowissenschaften: Aktuelle Entwicklungen und Trends. Psychotherapeut, 64(3), 186-193. Verfügbar unter: https://doi.org/10.1007/s00278-019-0351-3 (letzter Zugriff am 25.07.2021).

Golenhofen, P. (2019), Neuroresilienz aus medizinischer Sicht verstehen und messen. In: J. Heller (Ed.), Resilienz für die VUCA-Welt (S. 143-152), Wiesbaden. Verfügbar unter: https://doi.org/10.1007/978-3-658-21044-1_10 (letzter Zugriff am 25.07.2021).

Gosepath, K./ Nafe, B./ Ziegler, E./ Mann, W. J. (2001). Neurofeedback in der Therapie des Tinnitus. HNO, 49(1), (S. 29–35). Verfügbar unter: https://doi.org/10.1007/s001060050704 (letzter Zugriff am 25.07.2021).

Held, C./ Nowak, M. (2013). Biofeedback und Neurofeedback bei Abhängigkeitserkrankungen. Praxisbuch Biofeedback und Neurofeedback (S. 235–246). Berlin, Heidelberg: Springer Berlin Heidelberg. Verfügbar unter: https://doi.org/10.1007/978-3-642-30179-7_10 (letzter Zugriff am 25.07.2021).

Karim, A. (2015). Studienbrief Biologische Psychologie, SRH Fernhochschule: Riedlingen.

Kirschbaum, C./ Heinrichs, M. (2011), Biopsychologische Grundlagen, In: H. U. Wittchen & J. Hoyer (Eds), Klinische Psychologie & Psychotherapie (S.192-221), Berlin. https://doi.org/10.1007/978-3-642-13018-2_8 (letzter Zugriff am 25.07.2021)

Kleine, B./ Rossmanith, W. G. (2014). Hormone und Hormonsystem: Lehrbuch der Endokrinologie, 3. Auflage, Dordrecht: Springer.

Kober, S. E./ Wood, G. (2020). Möglichkeiten und Grenzen von Neurofeedback. Lernen und Lernstörungen, 9(3), (S. 187-196). https://doi.org/10.1024/2235-0977/a000293 (letzter Zugriff am 25.07.2021)

Konrad, K. (2009). Biologische Grundlagen. In: S. Schneider & J. Margraf, Lehrbuch der Verhaltenstherapie (S. 43-54). Heidelberg: Springer.

Kowalski, A./ Schneider, E./ Wiedemann, M./ Haus, K. M./ Nowak, M./ Krombholz, A., (2013). Biofeedback und Neurofeedback in der Praxis: Fallbeispiele. In: Haus, K. M., Held, C., Kowalski, A., Krombholz, M., et al., Praxisbuch Biofeedback und Neurofeedback (S. 187–234). Berlin, Heidelberg: Springer Berlin Heidelberg. Verfügbar unter:

https://doi.org/10.1007/978-3-642-30179-7_9 (letzter Zugriff am 25.07.2021).

Köhrle, J./ Schomburg, L./ Schweizer, U. (2014). Hormone des Hypothalamus und der Hypophyse (Springer-Lehrbuch). In P.C. Heinrich, M. Müller & L. Graeve (Eds.), Löffler/Petrides Biochemie und Pathobiochemie (S. 483–494). Berlin, Heidelberg: Springer. Verfügbar unter: https://doi.org/10.1007/978-3-642-17972-3_39 (letzter Zugriff am 25.07.2021).

Lang, F. (2010). Hormone. In: F. Lang/M. Heckmann/R. Schmidt, Physiologie des Menschen mit Pathophysiologie (S. 435-461). Heidelberg: Springer Medizin.

Moberg, K. U/ Streit, U./ Jansen, F. (2016), Oxytocin, das Hormon der Nähe: Gesundheit – Wohlbefinden - Beziehung, Berlin, Heidelberg: Springer Berlin Heidelberg. https://doi.org/10.1007/978-3-662-47359-7 (letzter Zugriff am 25.07.2021)

Myers, D. G. (2014), Neurowissenschaft und Verhalten. In: D.G., Myers (Ed.), Psychologie (S. 49-88), Berlin. https://doi.org/10.1007/978-3-642-40782-6_3 (letzter Zugriff am 25.07.2021).

Peters, B. (2018). Der Begriff „Lernen“ im Kontext des K.U.R.-Konzepts. In: B. Peters, Ergotherapie individualisiert gestalten (S. 45-107). Deutschland: Springer.

Petermann, U./ Pätel, J. (2009), Entspannungsverfahren. In: S. Schneider/ J. Margraf (Eds.), Lehrbuch der Verhaltenstherapie (S. 243-254), Berlin. Verfügbar unter: https://doi.org/10.1007/978-3-540-79545-2_16 (letzter Zugriff am 25.07.2021).

Pinel, J. P. J/ Barnes, S. J./ Pauli, P. (2019), Biopsychologie, 10., Auflage, Hallbergmoos.

Pritzel, M./ Markowitsch H. J. (2017). Warum wir vergessen. Berlin: Springer Berlin Heidelberg.

Schandry, R. (2016). Biologische Psychologie: Mit Online Material, 4. Auflage, Weinheim. Verfügbar unter: http://www.beltz.de/de/nc/verlagsgruppe-beltz/gesamtpro-gramm.html?isbn=978-3-621-28182-9 (letzter Zugriff am 25.07.2021).

Schneider, E./ Krombholz, A. (2013). Frequenzbandtraining. Praxisbuch Biofeedback und Neurofeedback (S. 45-60), Berlin: Springer Berlin Heidelberg. Verfügbar unter: https://doi.org/10.1007/978-3-642-30179-7_3 (letzter Zugriff am 25.07.2021).

Schneider, E./ Strauß, G. (2013). Training der Selbstkontrolle der langsamen kortikalen Potenziale. Praxisbuch Biofeedback und Neurofeedback (S. 61–88). Berlin, Heidelberg: Springer Berlin Heidelberg. Verfügbar unter: https://doi.org/10.1007/978-3-642-30179-7_4 (letzter Zugriff am 25.07.2021).

Schlottke, P. F./ Strehl, U./ Lauth, G. W. (2009). Aufmerksamkeitsstörung. In: S. Schneider/ J. Margraf (Eds.), Lehrbuch der Verhaltenstherapie (S. 411-428), Berlin. Verfügbar unter: https://doi.org/10.1007/978-3-540-79545-2_26 (letzter Zugriff am 25.07.2021).

Siems, W./ Bremer, A./ Przyklenk J. (2009). Zellen, Gewebe, Organe, Organsysteme. Allgemeine Krankheitslehre für Physiotherapeuten, Berlin: Springer Medizin. Verfügbar unter: https://doi.org/10.1007/978-3-540-33436-1_11 (letzter Zugriff am 25.07.2021).

Tan, G./ Thornby, J./ Hammond, D. C./ Strehl, U./ Canady, B./ Arnemann, K. et al. (2009). Meta-Analysis of EEG Biofeedback in Treating Epilepsy. Clinical EEG and Neuroscience, 40(3), 173–179. Verfügbar unter: https://doi.org/10.1177/155005940904000310 (letzter Zugriff am 25.07.2021).

Wiedemann, M. (2013). Infra Low Frequency (ILF-)Neurofeedback. Praxisbuch Biofeedback und Neurofeedback (S. 89–113). Berlin: Springer Berlin Heidelberg. Verfügbar unter: https://doi.org/10.1007/978-3-642-30179-7_5 (letzter Zugriff am 25.07.2021).

Wiedemann, M./ Krombholz, A. (2013). Biofeedback und Neurofeedback. Praxisbuch Biofeedback und Neurofeedback (S. 3–21). Berlin: Springer Berlin Heidelberg. Verfügbar unter: https://doi.org/10.1007/978-3-642-30179-7_1 (letzter Zugriff am 25.07.2021)

Wittchen, H. U./ Hoyer, J. (2011). Klinische Psychologie & Psychotherapie, 2. Auflage, Berlin.